CON GRIN SUS CONOCIMIENTOS VALEN MAS

- Publicamos su trabajo académico,
  tesis y tesina

- Su propio eBook y libro - en todos
  los comercios importantes del mundo

- Cada venta le sale rentable

Ahora suba en www.GRIN.com
y publique gratis

Bibliographic information published by the German National Library:

The German National Library lists this publication in the National Bibliography; detailed bibliographic data are available on the Internet at http://dnb.dnb.de .

Imprint:

Copyright © 2017 GRIN Verlag, Open Publishing GmbH
Print and binding: Books on Demand GmbH, Norderstedt Germany
ISBN: 9783668531871

This book at GRIN:

http://www.grin.com/es/e-book/374379/telecomunicaciones-e-interferencias

Tom Espinoza Trujillo

Telecomunicaciones e Interferencias

GRIN Publishing

TELECOMUNICACIONES Y INTERFERENCIAS.

En muchas ocasiones hemos escuchados hablar de las telecomunicaciones, radio, televisión, servicio telefónico, etc. Estos medios de comunicación tienen un algo en común, todos ellos trasmiten información. ¿Trasmiten información? ¿No trasmiten voz o video?

Telecomunicación:

La telecomunicación («comunicación a distancia»), del prefijo griego tele, "distancia" y del latín communicare) es una técnica consistente en transmitir un mensaje desde un punto a otro, normalmente con el atributo típico adicional de ser bidireccional. El término telecomunicación cubre todas las formas de comunicación a distancia, incluyendo radio, telegrafía, televisión, telefonía, transmisión de datos e interconexión de computadoras a nivel de enlace. El Día Mundial de la Telecomunicación se celebra el 17 de mayo. Telecomunicaciones, es toda transmisión, emisión o recepción de signos, señales, datos, imágenes, voz, sonidos o información de cualquier naturaleza que se efectúa a través de cables, medios ópticos, físicos u otros sistemas electromagnéticos.

Transmisión de Datos:

Cuando nos comunicamos, estamos compartiendo información. Esta compartición puede ser local o remota. Entre los individuos, las comunicaciones locales se producen habitualmente cara a cara, mientras que las comunicaciones remotas tienen lugar a través de las distancias.

La palabra *datos* se refiere a hechos, conceptos e instrucciones presentados en cualquier formato acordado entre las partes que crean y utilizan dichos datos.

La **transmisión de datos** es el intercambio de datos entre dos dispositivos a través de alguna forma de medio de transmisión, como un cable. Para que la transmisión de datos sea posible, los dispositivos de comunicación deben de ser parte de un sistema de comunicación formado por hardware (equipo físico) y software (programa). La efectividad del sistema de comunicación de datos depende de cuatro características fundamentales: entrega, exactitud, puntualidad y retardo variable (*jitter*, término que usaremos en adelante en inglés)

1. **Entrega.** El sistema debe entregar los datos en el destino correcto. Los datos deben de ser recibidos por el dispositivo o usuario adecuado y solamente por ese dispositivo o usuario.
2. **Exactitud.** El sistema debe entregar los datos con exactitud. Los datos que se alteran en la transmisión son incorrectos y no se pueden utilizar.
3. **Puntualidad.** El sistema debe de entregar los datos con puntualidad. Los datos entregados tarde son inútiles. En cado de video, el audio y la voz, la entrega puntual significa entregar los datos a medida que se producen, en el mismo orden en que se producen y sin retraso significativos. Este tipo de entregas se llama transmisión en tiempo real.
4. **Jitter** (retardo variable). Se refiere a la variación en el tiempo de llegada de los paquetes. En el retraso inesperado en la entrega de paquetes de audio o video, por ejemplo, asumamos que los paquetes de video llegan cada 30 ms. Si algunos llegan en 30 ms y otros con 40 ms., el resultado es una mala calidad del video.

Componentes de un Sistema de Comunicación

Un sistema de transmisión de datos está formado por cinco componentes:

1. **Mensaje.** El **mensaje** es la información de (datos) a comunicar. Los formatos populares de información incluyen texto, números, gráficos, audio y video.
2. **Emisor.** El **emisor** es el dispositivo que envía los datos del mensaje. Puede ser una computadora, una estación de trabajo, un teléfono, una videocámara y otros muchos.
3. **Receptor.** El **receptor** es el dispositivo que recibe el mensaje. Puede ser una computadora, una estación de trabajo, un teléfono, una televisión y otros muchos.
4. **Medio.** El medio de transmisión es el camino físico por el cual viaja el mensaje de emisor al receptor. Puede estar formada por un cable de par trenzado, un cable coaxial, un cable de fibra óptica y las ondas de radio.
5. **Protocolo.** Un **protocolo** es un conjunto de reglas que gobiernan la transmisión de datos. Representa un acuerdo entre los dispositivos que se comunican. Sin un protocolo, dos dispositivos pueden estar conectados, pero no comunicados, igual que una persona que hable francés no puede ser comprendida por otra que sólo hable japonés.

Modelo OSI

Creada en 1947, la organización internacional de estandarización (ISO, *Interational Standards Organization)* es un organismo multinacional dedicado a establecer acuerdos mundiales, sobre estándares internacionales. Un estándar ISO que cubre todos los aspectos de las redes de comunicación es el modelo de **interconexión de sistema abierto (OSI,** *Open system intercornnection*). Un sistema abierto es un modelo que permite que dos sistemas diferentes se puedan comunicar independientemente de la arquitectura subyacente. Los protocolos de los modelos OSI es permitir la comunicación entre sistemas distintos sin que sea necesario cambiar la lógica de hardware o el software subyacente. El modelo OSI no es un protocolo, es un modelo para comprender y diseñar una arquitectura de red flexible, robusta, robusta e interoperable.

El modelo de interconexión de sistema abierto es una arquitectura por niveles para diseño de sistemas de red que permite la comunicación entre todos los tipos de computadoras. Está compuesto por siete niveles separados, pero relacionados, cada uno de los cuales define un segmento del proceso necesario para mover la información a través de una red (véase en la figura 2.2). Comprender los aspectos fundamentales del modelo OSI proporciona una base sólida para exploración de transmisión de datos.

Arquitectura por niveles

El modelo OSI está compuesto por siete niveles ordenados: el físico (nivel 1), el de enlace de datos (nivel 2), el de red (nivel 3), el de transporte (nivel 4), el de sesión (nivel 5), el de presentación (nivel 6) y el de aplicación (nivel 7)

Las 7 capas del modelo OSI

Capa física

Es la que se encarga de las conexiones físicas de la computadora hacia la red, tanto en lo que se refiere al medio físico como a la forma en la que se transmite la información.

Sus principales funciones se pueden resumir como:
- Definir el medio o medios físicos por los que va a viajar la comunicación: cable de pares trenzados, coaxial, guías de onda, aire, fibra óptica.
- Definir las características materiales (componentes y conectores mecánicos) y eléctricas (niveles de tensión) que se van a usar en la transmisión de los datos por los medios físicos.
- Definir las características funcionales de la interfaz (establecimiento, mantenimiento y liberación del enlace físico).
- Transmitir el flujo de bits a través del medio.
- Manejar las señales eléctricas del medio de transmisión, polos en un enchufe, etc.
- Garantizar la conexión (aunque no la fiabilidad de dicha conexión).

Capa de enlace de datos

Esta capa se ocupa del direccionamiento físico, de la topología de la red, del acceso al medio, de la detección de errores, de la distribución ordenada de tramas y del control del flujo.

Como objetivo o tarea principal, la capa de enlace de datos se encarga de tomar una transmisión de datos "cruda" y transformarla en una abstracción libre de errores de transmisión para la capa de red. Este proceso se lleva a cabo dividiendo los datos de entrada en marcos (también llamados tramas) de datos (de unos cuantos cientos de bytes), transmite los marcos en forma secuencial, y procesa los marcos de estado que envía el nodo destino.

Capa de red

Se encarga de identificar el enrutamiento existente entre una o más redes. Las unidades de información se denominan paquetes, y se pueden clasificar en protocolos enrutables y protocolos de enrutamiento.

- Enrutables: viajan con los paquetes (IP, IPX, APPLETALK)
- Enrutamiento: permiten seleccionar las rutas (RIP, IGRP, EIGP, OSPF, BGP)

El objetivo de la capa de red es hacer que los datos lleguen desde el origen al destino, aun cuando ambos no estén conectados directamente. Los dispositivos que facilitan tal tarea se denominan enrutadores, aunque es más frecuente encontrarlo con el nombre en inglés routers. Los routers trabajan en esta capa, aunque pueden actuar como switch de nivel 2 en determinados casos, dependiendo de la función que se le asigne. Los firewalls actúan sobre esta capa principalmente, para descartar direcciones de máquinas.

En este nivel se realiza el direccionamiento lógico y la determinación de la ruta de los datos hasta su receptor final.

Capa de transporte

Capa encargada de efectuar el transporte de los datos (que se encuentran dentro del paquete) de la máquina origen a la de destino, independizándolo del tipo de red física que se esté utilizando. La PDU de la capa 4 se llama Segmento o Datagrama, dependiendo de si corresponde a TCP o UDP. Sus protocolos son TCP y UDP; el primero orientado a conexión y el otro sin conexión. Trabajan, por lo tanto, con puertos lógicos y junto con la capa red dan forma a los conocidos como Sockets IP:Puerto (192.168.1.1:80).

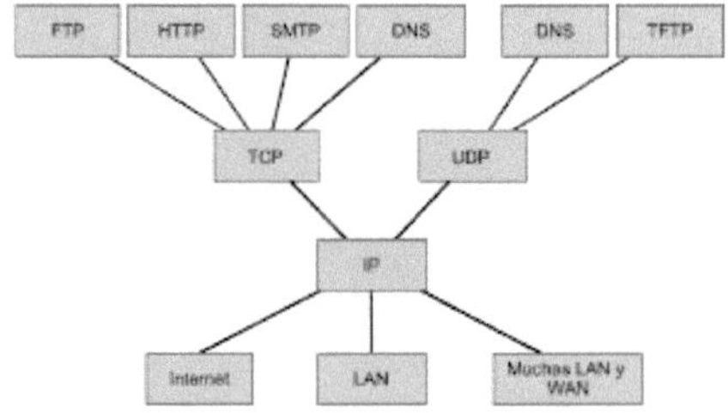

Capa de sesión

Esta capa es la que se encarga de mantener y controlar el enlace establecido entre dos computadores que están transmitiendo datos de cualquier índole. Por lo tanto, el servicio provisto por esta capa es la capacidad de asegurar que, dada una sesión establecida entre dos máquinas, la misma se pueda efectuar para las operaciones definidas de principio a fin, reanudándolas en caso de interrupción. En muchos casos, los servicios de la capa de sesión son parcial o totalmente prescindibles.

Capa de presentación

El objetivo es encargarse de la representación de la información, de manera que, aunque distintos equipos puedan tener diferentes representaciones internas de caracteres los datos lleguen de manera reconocible.

Esta capa es la primera en trabajar más el contenido de la comunicación que el cómo se establece la misma. En ella se tratan aspectos tales como la semántica y la sintaxis de los datos transmitidos, ya que distintas computadoras pueden tener diferentes formas de manejarlas.

Esta capa también permite cifrar los datos y comprimirlos. Por lo tanto, podría decirse que esta capa actúa como un traductor.

Capa de aplicación

Ofrece a las aplicaciones la posibilidad de acceder a los servicios de las demás capas y define los protocolos que utilizan las aplicaciones para intercambiar datos, como correo electrónico (Post Office Protocol y SMTP), gestores de bases de datos y servidor de ficheros (FTP), por UDP pueden viajar (DNS y Routing Information Protocol). Hay tantos protocolos como aplicaciones distintas y puesto que continuamente se desarrollan nuevas aplicaciones el número de protocolos crece sin parar.

Cabe aclarar que el usuario normalmente no interactúa directamente con el nivel de aplicación. Suele interactuar con programas que a su vez interactúan con el nivel de aplicación, pero ocultando la complejidad subyacente.

SEÑALES

Uno de los aspectos fundamentales del nivel físico es transmitir información en forma de señales electromagnéticas a través de un medio de transporte. Tanto si se están enviando un correo electrónico, manejando registro de una base de datos, enviando un mensaje instantáneo o visualizando una página web, se está realizando una transmisión de datos a través de conexiones de red.

Los datos analógicos, como el sonido de la voz humana, tomando valores continuos. Cuando alguien habla, se crea una onda continua en el aire. Esta onda puede ser capturada por un micrófono y convertida en una señal analógica o muestreada y convertida en señal digital.

Los datos digitales toman valores discretos. Por ejemplo, los datos se almacenan en la memoria de una computadora en forma de ceros y unos. Se pueden convertir a señales digitales o ser modulados en una señal analógica para su transmisión a través de un medio.

Señal Analógica

Una señal analógica es un tipo de señal generada por algún tipo de fenómeno electromagnético y que es representable por una función matemática continua en la que es variable su amplitud y periodo (representando un dato de información) en función del tiempo. Algunas magnitudes físicas comúnmente portadoras de una señal de este tipo son eléctricas como la intensidad, la tensión y la potencia, pero también pueden ser hidráulicas como la presión, térmicas como la temperatura, mecánicas, etc. La magnitud también puede ser cualquier objeto medible como los beneficios o pérdidas de un negocio.

En la naturaleza, el conjunto de señales que percibimos son analógicas, así la luz, el sonido, la energía etc. son señales que tienen una variación continua. Incluso la descomposición de la luz en el arco iris vemos como se realiza de una forma suave y continúa.

Una onda senoidal es una señal analógica de una sola frecuencia. Los voltajes de la voz y del video son señales analógicas que varían de acuerdo con el sonido o variaciones de la luz que corresponden a la información que se está transmitiendo.

Periodo y frecuencia

El periodo se refiere a la cantidad de tiempo, en segundos, que necesita una señal para completar un ciclo. La frecuencia indica el número de periodos en un segundo. La frecuencia de una señal es su número de ciclos por segundo. Observe que el periodo y la frecuencia son la misma característica definida de dos formas distintas. El periodo es el inverso de la frecuencia y la frecuencia es la inversa del periodo:

$f = 1 / T$

$T = 1 / f$

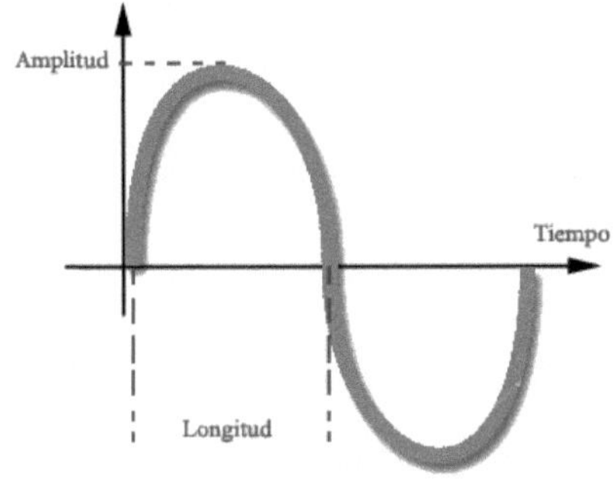

El periodo se expresa formalmente en segundos. La frecuencia se expresa en Herzios (HZ), que son ciclos por segundo. Las unidades del periodo y la frecuencia son:

Unidad	Equivalente	Unidad	Equivalente
Segundo	1 s	Herzio (Hz)	1 Hz
Milisegundo (ms)	10^3 s	Kiloherzio (kHz)	10^3 Hz
Microsegundo (µs)	10^6 s	Megaherzio (MHZ)	10^6 Hz
Nanosegundo (ns)	10^9 s	Gigaherzio (GHZ)	10^9 Hz
Picosegundo (ps)	10^{12} s	Teraherzio (THZ)	10^{12} Hz

Watts

Para comprender qué es un watt, se debe considerar primero la energía. Una definición de energía es la capacidad para producir trabajo. Existen muchas formas de energía, incluyendo energía eléctrica, energía química, energía térmica, energía potencial gravitatoria, energía cinética y energía acústica. La unidad métrica de la energía es el Joule. La energía puede considerarse una cantidad.

Un watt es la unidad básica de potencia, y la potencia está relacionada con la energía. No obstante, potencia es un índice, y energía una cantidad. La fórmula para la potencia es

P = DE / Dt

DE es la cantidad de energía transferida.

Dt es el intervalo temporal durante el cual se transfiere la energía.

Decibeles

El decibel (dB) es una unidad que se utiliza para medir la potencia eléctrica. Un dB es un décimo de un Bel, que es una unidad de sonido más grande así denominada en homenaje a Alexander Graham Bell. El dB se mide en una escala logarítmica base 10. La base se incrementa en diez veces diez por cada diez dB medidos. Esta escala permite a las personas trabajar más fácilmente con grandes números. Una escala similar (la escala de Richter) se utiliza para medir terremotos. Por ejemplo, un terremoto de magnitud 6.3 es diez veces más fuerte que un terremoto de 5.3.

Cálculo de dB

La fórmula para calcular dB es la siguiente:

dB = 10 log10 (Pfinal/Pref)

dB = la cantidad de decibeles. Esto usualmente representa una pérdida de potencia, a medida que la onda viaja o interactúa con la materia, pero también puede representar una ganancia, como al atravesar un amplificador.

Pfinal = la potencia final. Ésta es la potencia entregada después de que algún proceso haya ocurrido.

Pref = la potencia de referencia. Ésta es la potencia original.

Señales digitales

Una señal digital es aquella que presenta una variación discontinua con el tiempo y que sólo puede tomar ciertos valores discretos. Su forma característica es ampliamente conocida: la señal básica es una onda cuadrada (pulsos) y las representaciones se realizan en el dominio del tiempo.

Sus parámetros son:

- Altura de pulso (nivel eléctrico)
- Duración (ancho de pulso)
- Frecuencia de repetición (velocidad pulsos por segundo)

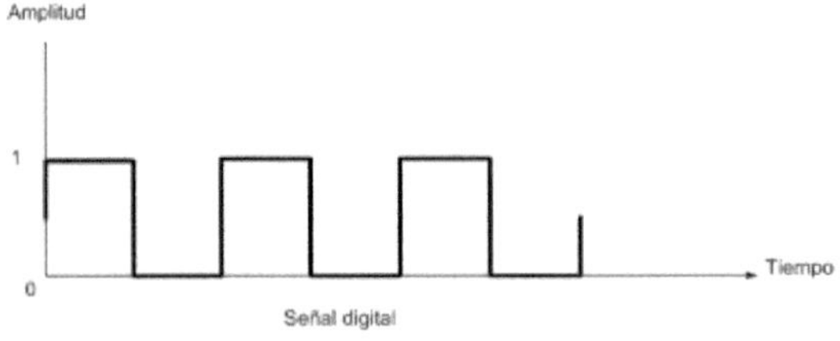

La utilización de señales digitales para transmitir información se puede realizar de varios modos: el primero, en función del número de estados distintos que pueda tener. Si son dos los estados posibles, se dice que son binarias, si son tres, ternarias, si son cuatro, cuaternarias y así sucesivamente. Los modos se representan por grupos de unos y de ceros, siendo, por tanto, lo que se denomina el contenido lógico de información de la señal.

La segunda posibilidad es en cuanto a su naturaleza eléctrica. Una señal binaria se puede representar como la variación de una amplitud (nivel eléctrico) respecto al tiempo (ancho del pulso).

Resumiendo, las señales digitales sólo pueden adquirir un número finito de estados diferentes, se clasifican según el número de estados (binarias, ternarias, etc.) y según su naturaleza eléctrica (unipolares y bipolares)

Espectro Electromagnético (EM)

Espectro EM es simplemente un nombre que los científicos han otorgado al conjunto de todos los tipos de radiación, cuando se los trata como grupo. La radiación es energía que viaja en ondas y se dispersa a lo largo de la distancia. La luz visible que proviene de una lámpara que se encuentra en una casa y las ondas de radio que provienen de una estación de radio son dos tipos de ondas electromagnéticas. Otros ejemplos son las microondas, la luz infrarroja, la luz ultravioleta, los rayos X y los rayos gamma.

Todas las ondas EM viajan a la velocidad de la luz en el vacío y tienen una longitud de onda (l) y frecuencia (f).

Uno de los diagramas más importantes tanto en ciencia como en ingeniería es la gráfica del espectro EM. El diagrama del espectro EM típico resume los alcances de las frecuencias, o bandas que son importantes para comprender muchas cosas en la naturaleza y la tecnología. Las ondas EM pueden clasificarse de acuerdo a su frecuencia en Hz o a su longitud de onda en metros. El espectro EM tiene ocho secciones principales, que se presentan en orden de incremento de la frecuencia y la energía, y disminución de la longitud de onda:

Canales de comunicación

Una red de computadoras o red informática, es un conjunto de equipos informáticos conectados entre sí por medio de dispositivos físicos que envían y reciben impulsos eléctricos, ondas electromagnéticas o cualquier otro medio para el transporte de datos con la finalidad de compartir información y recursos. Este término también engloba aquellos medios técnicos que permiten compartir la información.

La finalidad principal para la creación de una red de computadoras es compartir los recursos y la información en la distancia, asegurar la confiabilidad y la disponibilidad de la información, aumentar la velocidad de transmisión de los datos y reducir el coste general de estas acciones.

Medios guiados

El cable coaxial se utiliza para transportar señales eléctricas de alta frecuencia que posee dos conductores concéntricos, uno central, llamado vivo, encargado de llevar la información, y uno exterior, de aspecto tubular, llamado malla o blindaje, que sirve como referencia de tierra y retorno de las corrientes.

El cable de par trenzado es una forma de conexión en la que dos conductores eléctricos aislados son entrelazados para tener menores interferencias y aumentar la potencia y disminuir la diafonía de los cables adyacentes.

La fibra óptica es un medio de transmisión empleado habitualmente en redes de datos; un hilo muy fino de material transparente, vidrio o materiales plásticos, por el que se envían pulsos de luz que representan los datos a transmitir.

Cable par trenzado

El entrelazado de los cables disminuye la interferencia debido a que el área de bucle entre los cables, la cual determina el acoplamiento eléctrico en la señal, se ve aumentada. En la operación de balanceado de pares, los dos cables suelen llevar señales paralelas y adyacentes (modo diferencial), las cuales son combinadas mediante sustracción en el destino. El ruido de los dos cables se aumenta mutuamente en esta sustracción debido a que ambos cables están expuestos a interferencias electromagnéticas similares.

Respecto al estándar de conexión, los pines en un conector RJ-45 modular están numerados del 1 al 8, siendo el pin 1 el del extremo izquierdo del conector, y el pin 8 el del extremo derecho. Los pines del conector hembra (Jack) se numeran de la misma manera para que coincidan con esta numeración, siendo el pin 1 el del extremo derecho y el pin 8 el del extremo izquierdo.

Las asignaciones de pares de cables son como sigue:

Medios no guiados

- Red por radio
- Red por infrarrojos
- Red por microondas

IEEE 802.11

El término 802.11 se refiere realmente a una familia de protocolos, incluyendo la especificación original, 802.11, 802.11b, 802.11a, 802.11g y otros. El 802.11 es un estándar inalámbrico que especifica conectividad para estaciones fijas, portátiles y móviles dentro de un área local. El propósito del estándar es proporcionar una conectividad inalámbrica para automatizar la maquinaria y el equipamiento o las estaciones que requieren una rápida implementación. Éstos pueden ser portátiles, handheld o montados en vehículos en movimiento dentro de un área local.

Señales periódicas y aperiódicas

Una señal es periódica si completa un patrón dentro de un marco de tiempo medible, denominado periodo, y repite ese patrón en periodos idénticos subsecuentes. Cuando se completa un patrón completo, se dice que se ha completado un ciclo. El periodo se define como la cantidad de tiempo (expresado en segundos) necesarios para completar un ciclo completo.

Una señal aperiódica, o no periódica, cambia constantemente sin exhibir ningún patrón o ciclo que se repita en el tiempo.

Señales determinísticas y aleatorias

Una señal determinística es una señal en la cual cada valor esta fijo y puede ser determinado por una expresión matemática, regla, o tabla. Los valores futuros de esta señal pueden ser calculados usando sus valores anteriores teniendo una confianza completa en los resultados.

Una señal aleatoria, tiene mucha fluctuación respecto a su comportamiento. Los valores futuros de una señal aleatoria no se pueden predecir con exactitud, solo se pueden basar en los promedios de conjuntos de señales con características similares.

Técnicas de modulación

Es cierto que existe una cantidad infinita de diferentes frecuencias de ondas EM. No obstante, hablando en términos prácticos, cualquier creación de ondas EM realmente ocupa más que una cantidad infinitesimal de espacio de frecuencia. Por lo tanto, las bandas de frecuencia tienen una cantidad limitada de frecuencias, o canales de comunicaciones utilizables diferentes. Muchas partes del espectro EM no son utilizables para las comunicaciones y muchas partes del espectro ya son utilizadas extensamente con este propósito. El espectro electromagnético es un recurso finito.

Una forma de adjudicar este recurso limitado y compartido es disponer de instituciones internacionales y nacionales que configuren estándares y leyes respecto a cómo puede utilizarse el espectro. En EE.UU., es el FCC el que regula el uso del espectro. En Europa, el Instituto Europeo de Normalización de las Telecomunicaciones (ETSI) regula el uso del espectro.

Las bandas de frecuencia reguladas se denominan espectro licenciado. Ejemplos de éste incluyen la radio de Amplitud Modulada (AM) y Frecuencia Modulada (FM), la radio de radioaficionados o de onda corta, los teléfonos celulares, la televisión por aire, las bandas de aviación y muchos otros. Para poder operar un dispositivo en una banda licenciada, el usuario debe solicitar primero y luego otorgársele la licencia apropiada.

Algunas áreas del espectro han quedado sin licenciar. Esto es favorable para determinadas aplicaciones, como las WLANs. Un área importante del espectro no licenciado se conoce como banda industrial, científica y médica (ISM), que se muestra en la Figura. Estas bandas son sin licencia en la mayoría de los países del mundo. Los siguientes son algunos ejemplos de los elementos regulados que están relacionados con las WLANs:

- El FCC ha definido once canales DSSS 802.11b y sus correspondientes frecuencias centrales. ETSI ha definido 13.
- El FCC requiere que todas las antenas vendidas por un fabricante de espectro expandido estén certificadas junto con la radio con la cual se las vende.

Importancia de la modulación

En Telecomunicaciones el término modulación engloba el conjunto de técnicas para trasportar información sobre una onda portadora, típicamente una onda senoidal. Estas técnicas permiten un mejor aprovechamiento del canal de comunicación lo que permitirá trasmitir más información simultáneamente o proteger la información de posibles interferencias y ruidos.

Básicamente, la modulación consiste en hacer que un parámetro de la onda portadora cambie de valor de acuerdo con las variaciones de la señal moduladora, que es la información que queremos transmitir. Es decir, se encarga de transportar la señal digital que sale de la computadora, en analógica, que es en la forma que viaja a través de las líneas de teléfono comunes (modula la señal); y a sus veces, el receptor se encarga de "demodular" la señal.

¿Por qué se modula una señal?

Para controlar dicha señal y así facilitar la propagación de la señal de información por cable o por el aire, ordenar el espacio radioeléctrico, distribuir canales a cada información distinta.

¿Por qué se modula una señal?

Para disminuir las dimensiones de las antenas, optimizar el ancho de banda de cada canal evitando interferencias entre canales, proteger a la información de las degradaciones por ruido y definir la calidad de la información trasmitida.

Para modular una señal son utilizados dispositivos electrónicos semiconductores con características no lineales (diodos, transistores, bulbos), resistencias, inductores, capacitores y también combinaciones entre ellos.

Técnicas básicas de modulación

Un objetivo de las comunicaciones es utilizar una frecuencia portadora como frecuencia básica de comunicación, pero modificándola utilizando un proceso denominado modulación para codificar la información en la onda de la portadora.

Existen tres aspectos básicos de la portadora que pueden modularse:

- Amplitud
- Frecuencia
- Fase o ángulo

Las tres técnicas correspondientes son las siguientes:

- Amplitud modulada (AM)
- Frecuencia modulada (FM)
- Modulación de fase (PM)

La mayoría de los sistemas de comunicaciones utilizan alguna forma o combinación de estas tres técnicas de modulación básicas.

Casos extremos de estas técnicas incluyen los siguientes:

- Codificación por desplazamiento de amplitud (ASK) — Eliminar por completo la amplitud
- Codificación por desplazamiento de frecuencia (FSK) — Saltar a una frecuencia extrema
- Codificación por desplazamiento de fase (PSK) — Desplazar la fase 180 grados

Conversión de analógico a analógico

La conversión de analógico a analógico es la representación de información analógica mediante una señal analógica.

Uno se puede preguntar por qué se necesita modular una señal analógica; si ya es analógica.

Un ejemplo es la radio. El gobierno asigna un ancho de banda reducido para cada estación de radio. La señal analógica producida por cada estación es una señal paso bajo, toda en el mismo rango. Para poder escuchar estaciones distintas, es necesario desplazar las señales paso bajo a rangos distintos.

La modulación analógica a analógica se puede conseguir en tres formas:

<u>Modulación en amplitud (AM)</u>

Amplitud modulada (AM) o modulación de amplitud es un tipo de modulación lineal que consiste en hacer variar la amplitud de la onda portadora de forma que esta cambie de acuerdo con las variaciones de nivel de la señal moduladora, que es la información que se va a transmitir.

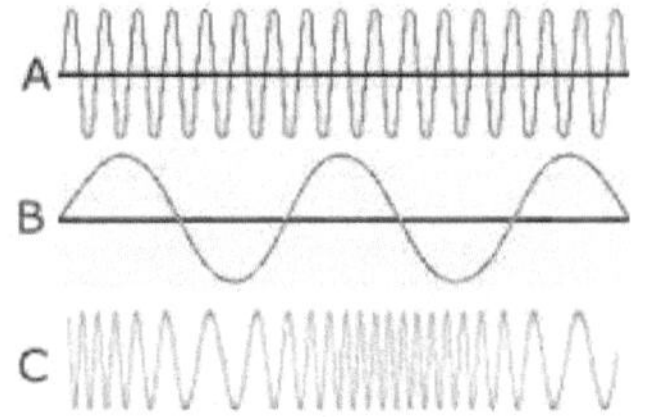

AM es el acrónimo de Amplitude Modulation (en español: Modulación de Amplitud) la cual consiste en modificar la amplitud de una señal de alta frecuencia, denominada portadora, en función de una señal de baja frecuencia, denominada moduladora, la cual es la señal que contiene la información que se desea transmitir.

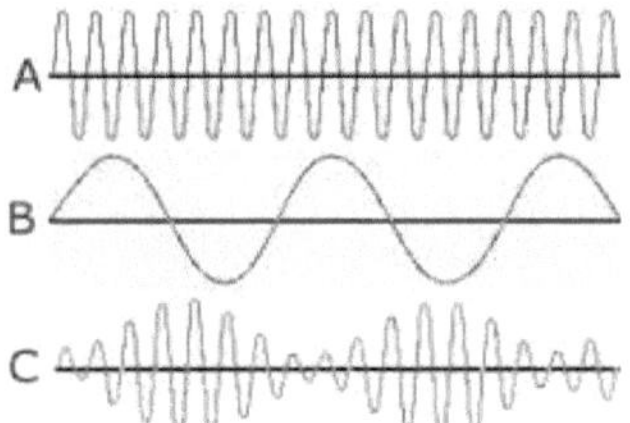

Modulación en amplitud (FM)

En telecomunicaciones, la frecuencia modulada (FM) o modulación de frecuencia es una modulación angular que transmite información a través de una onda portadora variando su frecuencia (contrastando esta con la amplitud modulada o modulación de amplitud (AM), en donde la amplitud de la onda es variada mientras que su frecuencia se mantiene constante). En aplicaciones analógicas, la frecuencia instantánea de la señal modulada es proporcional al valor instantáneo de la señal moduladora.

Modulación en fase (PM)

Tipo de modulación que se caracteriza porque la fase de la onda portadora varía directamente de acuerdo con la señal modulante, resultando una señal de modulación en fase.

Se obtiene variando la fase de una señal portadora de amplitud constante, en forma directamente proporcional a la amplitud de la señal modulante. La modulación de fase no suele ser muy utilizada porque se requieren equipos de recepción más complejos que los de frecuencia modulada.

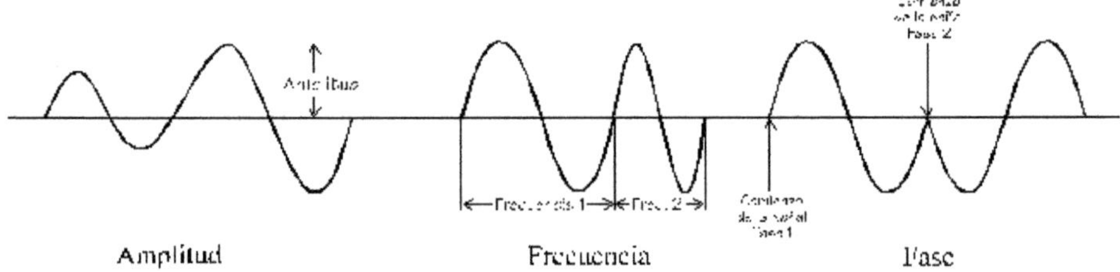

Conversión de lo analógico a la digital

14

La técnica más habitual para cambiar una señal analógica a datos digitales (digitalización) es la denominada modulación por codificación de pulso (PCM). Un codificador PCM tiene tres procesos:

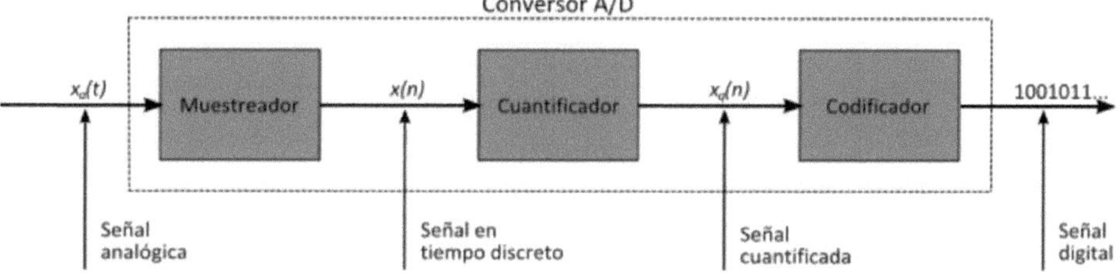

1.   Se muestrea la señal analógica
2.   Se cuantifica la señal muestreada
3.   Los valores cuantificados son codificados como flujos de bits.

<u>Muestreo</u>

El muestreo digital es una de las partes del proceso de digitalización de las señales. Consiste en tomar muestras de una señal analógica a una frecuencia o tasa de muestreo constante, para cuantificarlas posteriormente.

El muestreo está basado en el teorema de muestreo, que es la base de la representación discreta de una señal continua en banda limitada. Es útil en la digitalización de señales (y por consiguiente en las telecomunicaciones) y en la codificación del sonido en formato digital.

Independientemente del uso final, el error total de las muestras será igual al error total del sistema de adquisición y conversión más los errores añadidos por el ordenador o cualquier sistema digital.

Para dispositivos incrementales, tales como motores paso a paso y conmutadores, el error medio de los datos muestreados no es tan importante como para los dispositivos que requieren señales de control continuas.

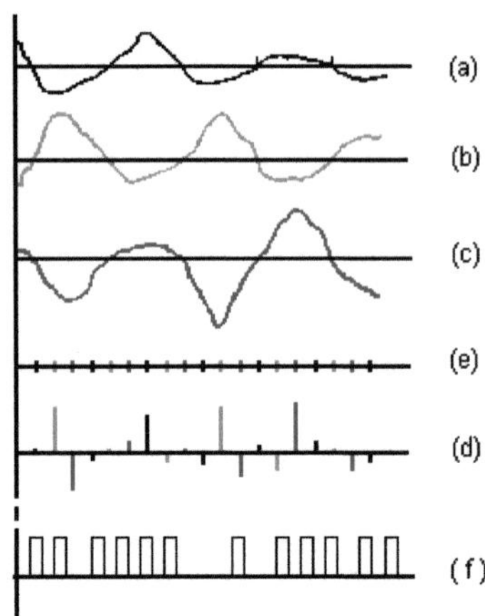

Cuantificación

El proceso de cuantificación es uno de los pasos que se siguen para lograr la digitalización de una señal analógica.

Básicamente, la cuantificación lo que hace es convertir una sucesión de muestras de amplitud continua en una sucesión de valores discretos preestablecidos según el código utilizado.

Durante el proceso de cuantificación se mide el nivel de tensión de cada una de las muestras, obtenidas en el proceso de muestreo, y se les atribuye un valor finito (discreto) de amplitud, seleccionado por aproximación dentro de un margen de niveles previamente fijado.

Los valores preestablecidos para ajustar la cuantificación se eligen en función de la propia resolución que utilice el código empleado durante la codificación. Si el nivel obtenido no coincide exactamente con ninguno, se toma como valor el inferior más próximo.

En este momento, la señal analógica (que puede tomar cualquier valor) se convierte en una señal digital, ya que los valores que están preestablecidos, son finitos. No obstante, todavía no se traduce al sistema binario. La señal ha quedado representada por un valor finito que durante la codificación (siguiente proceso de la conversión analógico digital) será cuando se transforme en una sucesión de ceros y unos.

Así pues, la señal digital que resulta tras la cuantificación es diferente a la señal eléctrica analógica que la originó, algo que se conoce como Error de cuantificación. El error de cuantificación se interpreta como un ruido añadido a la señal tras el proceso de decodificación digital. Si este ruido de cuantificación se mantiene por debajo del ruido analógico de la señal a cuantificar (que siempre existe), la cuantificación no tendrá ninguna consecuencia sobre la señal de interés.

Codificación

Se entiende por Codificación en el contexto de la Ingeniería al proceso de conversión de un sistema de datos de origen a otro sistema de datos de destino. De ello se desprende como corolario que la información contenida en esos datos resultantes deberá ser equivalente a la información de origen. Un modo sencillo de entender el concepto es aplicar el paradigma de la traducción entre idiomas en el ejemplo siguiente: home = hogar. Podemos entender que hemos cambiado una información de un sistema (inglés) a otro sistema (español) y que esencialmente la información sigue siendo la misma. La razón de la codificación está justificada por las operaciones que se necesiten realizar con posterioridad. En el ejemplo anterior para hacer entendible a una audiencia hispana un texto redactado en inglés es convertido al español.

En ese contexto la codificación digital consiste en la traducción de los valores de tensión eléctrica analógicos que ya han sido cuantificados (ponderados) al sistema binario, mediante códigos preestablecidos. La señal analógica va a quedar transformada en un tren de impulsos de señal digital (sucesión de ceros y unos). Esta traducción es el último de los procesos que tiene lugar durante la conversión analógica-digital. El resultado es un sistema binario.

Conversión de digital a analógico
La conversión de digital a analógico es el proceso de cambiar una de las características de una señal de base analógica en información basada en una señal digital. Los tres mecanismos para modular datos digitales en señales analógicas.

1. Modulación por desplazamiento de amplitud (ASK)
2. Modulación por desplazamiento de frecuencia (FSK)
3. Modulación por desplazamiento de fase (PSK)

<u>Modulación por desplazamiento de amplitud (ASK, Amplitude Shift Keying)</u>
La modulación por desplazamiento de amplitud, en inglés Amplitude-shift keying (ASK), es una forma de modulación en la cual se representan los datos digitales como variaciones de amplitud de la onda portadora.

La amplitud de una señal portadora análoga varía conforme a la corriente de bit (modulando la señal), manteniendo la frecuencia y la fase constante. El nivel de amplitud puede ser usado para representar los valores binarios 0s y 1s. Podemos pensar en la señal portadora como un interruptor ON/OFF. En la señal modulada, el valor lógico 0 es representado por la ausencia de una portadora, así que da ON/OFF la operación de pulsación y de ahí el nombre dado.

Como la modulación AM, ASK es también lineal y sensible al ruido atmosférico, distorsiones, condiciones de propagación en rutas diferentes en PSTN, etc. Esto requiere la amplitud de banda excesiva y es por lo tanto un gasto de energía. Tanto los procesos de modulación ASK como los procesos de demodulación son relativamente baratos. La técnica ASK también es usada comúnmente para transmitir datos digitales sobre la fibra óptica. Para los transmisores LED, el valor binario 1 es representado por un pulso corto de luz y el valor binario 0 por la ausencia de luz. Los transmisores de láser normalmente tienen una corriente "de tendencia" fija que hace que el dispositivo emita un nivel bajo de luz. Este nivel bajo representa el valor 0, mientras una onda luminosa de amplitud más alta representa el valor binario 1.

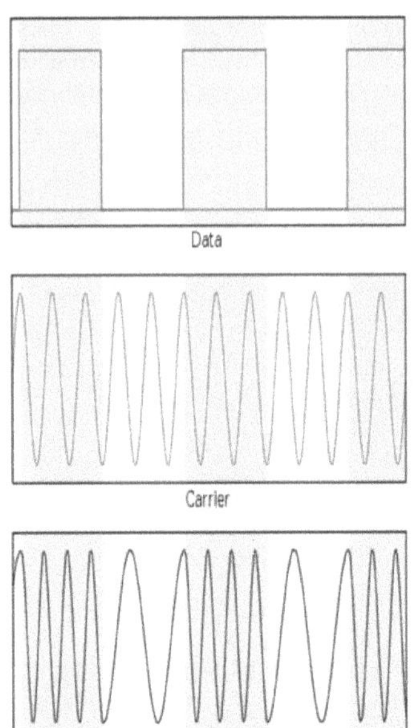

Modulación por desplazamiento de frecuencia (FSK, Frecuency Shift Keying)

La Modulación por desplazamiento de frecuencia o FSK, (Frequency Shift Keying) es

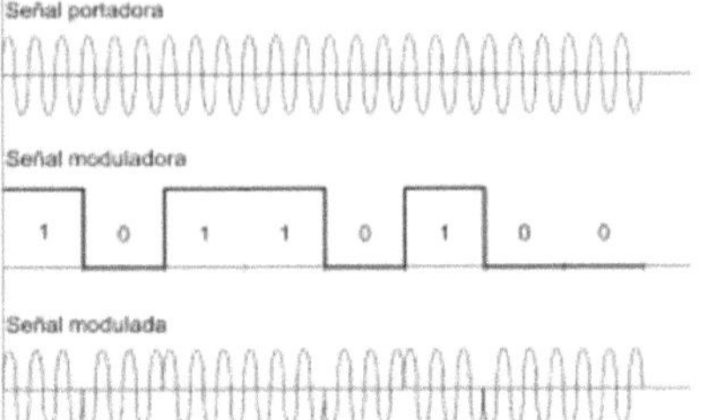

una técnica de transmisión digital de información binaria (ceros y unos) utilizando dos frecuencias diferentes. La señal moduladora solo varía entre dos valores de tensión discretos formando un tren de pulsos donde un cero representa un "1" o "marca" y el otro representa el "0" o "espacio".

En la modulación digital, a la relación de cambio a la entrada del modulador se le llama bit-rate y tiene como unidad el bit por segundo (bps).

MODULACIÓN ASK, Amplitude Shift Keying

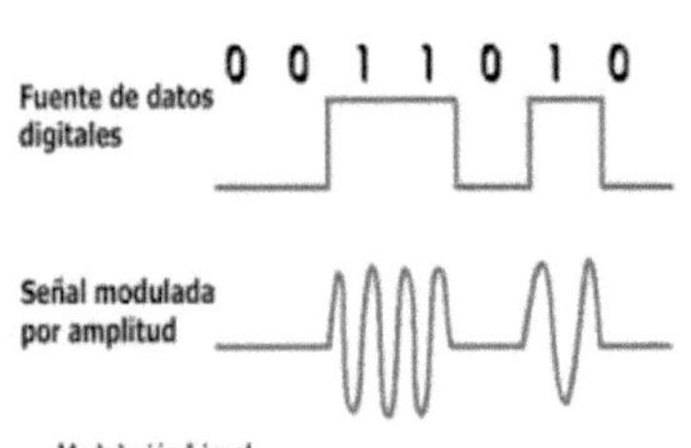

A la relación de cambio a la salida del modulador se le llama baud-rate. En esencia el baud-rate es la velocidad o cantidad de símbolos por segundo.

En FSK, el bit rate = baud rate. Así, por ejemplo, un 0 binario se puede representar con una frecuencia f1, y el 1 binario se representa con una frecuencia distinta f2.

Modulación por desplazamiento de fase (PSK, Phase Shift Keying)

La modulación por desplazamiento de fase o PSK (Phase Shift Keying) es una forma de modulación angular que consiste en hacer variar la fase de la portadora entre un número de valores discretos. La diferencia con la modulación de fase convencional (PM) es que mientras en ésta la variación de fase es continua, en función de la señal moduladora, en la PSK la señal moduladora es una señal digital y, por tanto, con un número de estados limitado.

Técnicas de transmisión multiplexación y conmutación

Tipos de velocidades.

<u>Velocidad de Transmisión (bps)</u>
La velocidad de transmisión es la relación entre la información transmitida a través de una red de comunicaciones y el tiempo empleado para ello. Cuando la información se transmite digitalizada, esto implica que está codificada en bits (unidades de base binaria), por lo que la velocidad de transmisión también se denomina a menudo tasa binaria o tasa de bits (bit rate, en inglés).

La unidad para medir la velocidad de transmisión es el bit por segundo (bps) pero es más habitual el empleo de múltiplos como kilobit por segundo (kbps, equivalente a mil bps) o megabit por segundo (Mbps, equivalente a un millón de bps).

Es importante resaltar que la unidad de almacenamiento de información es el byte, que equivale a 8 bits, por lo que a una velocidad de transmisión de 8 bps se tarda un segundo en transmitir 1 byte.

<u>Velocidad de Modulación (Baudios).</u>
Para estudiar la velocidad de transmisión de datos por un canal, vamos a suponer que esta transmisión se realiza a través de algún tipo de cable eléctrico, aunque todos los conceptos que se verán a continuación pueden extenderse a cualquier medio físico.

La información puede ser transmitida por un cable variando alguna propiedad de la corriente eléctrica que circula por él, por ejemplo, su voltaje. Nuestro propósito es transmitir información digital, por lo tanto, nos interesa poder representar los estados lógicos 0 y 1 de una forma sencilla y fácilmente reconocible. Un convenio podría ser emplear un nivel de tensión de 0 voltios para representar el estado lógico 0, y 5 voltios para representar el estado lógico 1.

Se considera estados significativos de una línea a todos aquellos niveles de tensión que representen información distinta. Si disponemos de dos niveles de tensión para representar la información, entonces sólo podremos señalizar un bit en cada estado. Si en lugar de dos, utilizáramos cuatro niveles de tensión, podemos agrupar la información a transmitir de modo que cada nivel de tensión represente dos bits. En este caso se pueden transmitir dos bits de información por cada intervalo significativo de tiempo.

Podemos definir la velocidad de modulación como el número de veces por segundo que la señal cambia su valor en la línea o medio de transmisión. Esta velocidad se mide en baudios. El número de baudios determina la cantidad de cambios de estado por segundo que se producen en una transmisión. Cuantos más estados, más cantidad de bits por segundo se podrán transmitir.

Transmisión de datos
<u>Modos de transmisión</u>
Una transmisión dada en un canal de comunicaciones entre dos equipos puede ocurrir de diferentes maneras. La transmisión está caracterizada por:

- la dirección de los intercambios
- el modo de transmisión: el número de bits enviados simultáneamente
- la sincronización entre el transmisor y el receptor

Una conexión simple (Simplex), es una conexión en la que los datos fluyen en una sola dirección, desde el transmisor hacia el receptor. Este tipo de conexión es útil si los datos no necesitan fluir en ambas direcciones (por ejemplo: desde el equipo hacia la impresora o desde el ratón hacia el equipo…).

Una conexión semidúplex (Half dúplex) es una conexión en la que los datos fluyen en una u otra dirección, pero no las dos al mismo tiempo. Con este tipo de conexión, cada extremo de la conexión transmite uno después del otro. Este tipo de conexión hace posible tener una comunicación bidireccional utilizando toda la capacidad de la línea.

Una conexión dúplex total (Full dúplex) es una conexión en la que los datos fluyen simultáneamente en ambas direcciones. Así, cada extremo de la conexión puede transmitir y recibir al mismo tiempo; esto significa que el ancho de banda se divide en dos para cada dirección de la transmisión de datos si es que se está utilizando el mismo medio de transmisión para ambas direcciones de la transmisión.

<u>Tipos de transmisión</u>
El **modo de transmisión** se refiere al número de unidades de información (bits) elementales que se pueden traducir simultáneamente a través de los canales de comunicación. De hecho, los procesadores (y por lo tanto, los equipos en general) nunca procesan (en el caso de los procesadores actuales) un solo bit al mismo tiempo. Generalmente son capaces de procesar varios (la mayoría de las veces 8 bits: un byte) y por este motivo, las conexiones básicas en un equipo son conexiones paralelas.

Transmisión Paralela

Las conexiones paralelas consisten en transmisiones simultáneas de N cantidad de bits. Estos bits se envían simultáneamente a través de diferentes canales N (un canal puede ser, por ejemplo, un *alambre*, un cable o cualquier otro medio físico). La conexión paralela en equipos del tipo PC generalmente requiere 10 alambres.

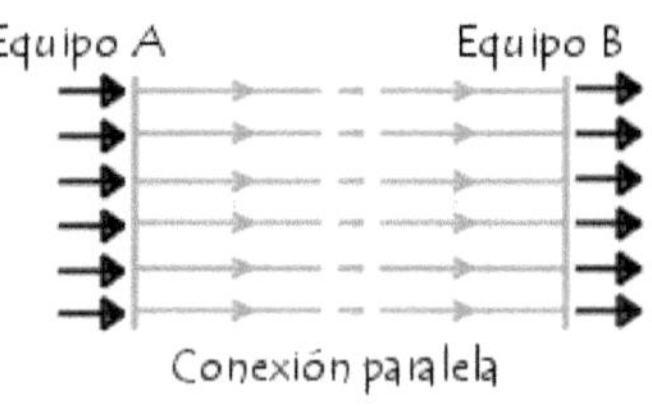

Estos canales pueden ser:

- N líneas físicas: en cuyo caso cada bit se envía en una línea física (motivo por el cual un cable paralelo está compuesto por varios alambres dentro de un cable cinta)
- una línea física dividida en varios sub canales, resultante de la división del ancho de banda. En este caso, cada bit se envía en una frecuencia diferente…

Debido a que los alambres conductores están uno muy cerca del otro en el cable cinta, puede haber interferencias (particularmente en altas velocidades) y degradación de la calidad en la señal.

Transmisión en Serie

En una conexión en serie, los datos se transmiten de a un bit por vez a través del canal de transmisión. Sin embargo, ya que muchos procesadores procesan los datos en paralelo, el transmisor necesita transformar los datos paralelos entrantes en datos seriales y el receptor necesita hacer lo contrario.

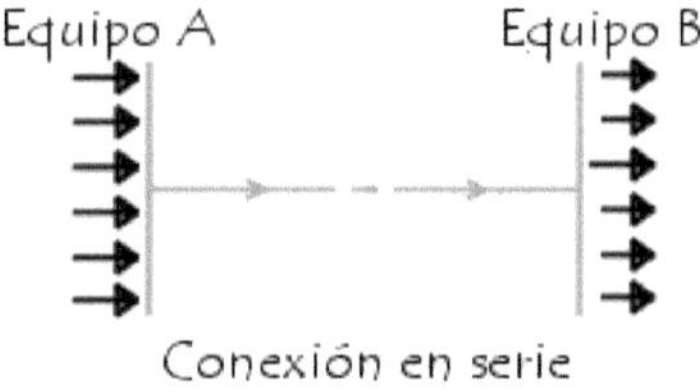

Estas operaciones son realizadas por un controlador de comunicaciones (normalmente un chip *UART, Universal Asynchronous Receiver Transmitter (Transmisor Receptor Asincrónico Universal)*). El controlador de comunicaciones trabaja de la siguiente manera:

- **La transformación paralela-en serie**s se realiza utilizando un registro de desplazamiento. El registro de desplazamiento, que trabaja conjuntamente con un reloj, desplazará el registro (que contiene todos los datos presentados en paralelo) hacia la izquierda y luego, transmitirá el bit más significativo (el que se encuentra más a la izquierda) y así sucesivamente:

- **La transformación en serie-paralela** se realiza casi de la misma manera utilizando un registro de desplazamiento. El registro de desplazamiento desplaza el registro hacia la izquierda cada vez que recibe

un bit, y luego, transmite el registro entero en paralelo cuando está completo:

<u>Técnicas de Transmisión</u>

Debido a los problemas que surgen con una conexión de tipo paralela, es muy común que se utilicen conexiones en serie. Sin embargo, ya que es un solo cable el que transporta la información, el problema es cómo sincronizar al transmisor y al receptor.

En otras palabras, el receptor no necesariamente distingue los caracteres (o más generalmente, las secuencias de bits) ya que los bits se envían uno después del otro. Existen dos tipos de transmisiones que tratan este problema:

Transmisión Asíncrona

La conexión asincrónica, en la que cada carácter se envía en intervalos de tiempo irregulares (por ejemplo, un usuario enviando caracteres que se introducen en el teclado en tiempo real). Así, por ejemplo, imagine que se transmite un solo bit durante un largo período de silencio... el receptor no será capaz de darse cuenta si esto es 00010000, 10000000 ó 00000100...

Para remediar este problema, cada carácter es precedido por información que indica el inicio de la transmisión del carácter (el inicio de la transmisión de información se denomina *bit de INICIO*) y finaliza enviando información acerca de la finalización de la transmisión (denominada *bit de FINALIZACIÓN*, en la que incluso puede haber varios bits de FINALIZACIÓN).

Transmisión Síncrona

En una **conexión sincrónica**, el transmisor y el receptor están sincronizados con el mismo reloj. El receptor recibe continuamente (incluso hasta cuando no hay transmisión de bits) la información a la misma velocidad que el transmisor la envía. Es por este motivo que el receptor y el transmisor están sincronizados a la misma velocidad. Además, se inserta información suplementaria para garantizar que no se produzcan errores durante la transmisión.

En el transcurso de la transmisión sincrónica, los bits se envían sucesivamente sin que exista una separación entre cada carácter, por eso es necesario insertar elementos de sincronización; esto se denomina **sincronización al nivel de los caracteres**.
La principal desventaja de la transmisión sincrónica es el reconocimiento de los datos en el receptor, ya que puede haber diferencias entre el reloj del transmisor y el del receptor. Es por este motivo que la transmisión de datos debe mantenerse por bastante tiempo para que el receptor pueda distinguirla. Como resultado de esto, sucede que, en una conexión sincrónica, la velocidad de la transmisión no puede ser demasiado alta.

<u>Tipos de Conexión</u>
Punto a Punto

En una red punto a punto, los dispositivos en red actúan como socios iguales, o pares entre sí. Como pares, cada dispositivo puede tomar el rol de esclavo o la función de maestro. En un momento, el dispositivo A, por ejemplo, puede hacer una petición de un mensaje/dato del dispositivo B, y este es el que le responde enviando el mensaje/dato al dispositivo A. El dispositivo A funciona como esclavo, mientras que B funciona como maestro. Un momento después los dispositivos A y B pueden revertir los roles: B, como esclavo, hace una solicitud a A, y A, como maestro, responde a la solicitud de B. A y B permanecen en una relación reciproca o par entre ellos.

Los enlaces que interconectan los nodos de una red punto a punto se pueden clasificar en tres tipos según el sentido de las comunicaciones que transportan:

- **Simplex.** - La transacción sólo se efectúa en un solo sentido.
- **Half-dúplex.** - La transacción se realiza en ambos sentidos, pero de forma alternativa, es decir solo uno puede transmitir en un momento dado, no pudiendo transmitir los dos al mismo tiempo.
- **Full-Dúplex.** - La transacción se puede llevar a cabo en ambos sentidos simultáneamente.

Multipunto

Punto a multipunto de comunicación es un término que se utiliza en el ámbito de las telecomunicaciones, que se refiere a la comunicación que se logra a través de un específico y distinto tipo de conexión multipunto, ofreciendo varias rutas desde una única ubicación a varios lugares. Una conferencia puede ser considerada una comunicación punto a multipunto ya que existe solo un orador (transmisor) y múltiples asistentes (receptor).

Multiplexación:

En telecomunicación, la multiplexación es la combinación de dos o más canales de información en un solo medio de transmisión usando un dispositivo llamado multiplexor. El proceso inverso se conoce como de multiplexación. Un concepto muy similar es el de control de acceso al medio.

Existen muchas estrategias de multiplexación según el protocolo de comunicación empleado, que puede combinarlas para alcanzar el uso más eficiente; los más utilizados son:

Multiplexación por división de frecuencia o FDM (Frequency-division multiplexing)
La multiplexación por división de frecuencia (MDF) o (FDM), del inglés Frequency Division Multiplexing, es un tipo de multiplexación utilizada generalmente en sistemas de transmisión analógicos. La forma de funcionamiento es la siguiente: se convierte cada fuente de varias que originalmente ocupaban el mismo espectro de frecuencias, a una banda distinta de frecuencias, y se transmite en forma simultánea por un solo medio de transmisión. Así se pueden transmitir muchos canales de banda relativamente angosta por un solo sistema de transmisión de banda ancha.

El FDM es un esquema análogo de multiplexado; la información que entra a un sistema FDM es analógica y permanece analógica durante toda su transmisión. Un ejemplo de FDM es la banda comercial de AM, que ocupa un espectro de frecuencias de 535 a 1605 kHz. Si se transmitiera el audio de cada estación con el espectro original de frecuencias, sería imposible separar una estación de las demás. En lugar de ello, cada estación modula por amplitud una frecuencia distinta de portadora, y produce una señal de doble banda lateral de 10KHz.

Multiplexación por división de tiempo o TDM (Time division multiplexing)
La multiplexación por división de tiempo (MDT) o (TDM), del inglés Time Division Multiplexing, es el tipo de multiplexación más utilizado en la actualidad, especialmente en los sistemas de transmisión digitales. En ella, el ancho de banda total del medio de transmisión es asignado a cada canal durante una fracción del tiempo total (intervalo de tiempo).

Multiplexación por división en código o CDM (Code division multiplexing)
La multiplexación por división de código, acceso múltiple por división de código o CDMA (del inglés Code Division Multiple Access) es un término genérico para varios métodos de multiplexación o control de acceso al medio basados en la tecnología de espectro expandido.

Se aplica el nombre "multiplexado" para los casos en que un sólo dispositivo determina el reparto del canal entre distintas comunicaciones, como por ejemplo un concentrador situado al extremo de un cable de fibra óptica; para los terminales de los usuarios finales, el multiplexado es transparente. Se emplea en cambio el término "control de acceso al medio" cuando son los terminales de los usuarios, en comunicación con un dispositivo que hace de modo de red, los que deben usar un cierto esquema de comunicación para evitar interferencias entre ellos, como por ejemplo un grupo de teléfonos móviles en comunicación con una antena del operador.

Para resolverlo, CDMA emplea una tecnología de espectro expandido y un esquema especial de codificación, por el que a cada transmisor se le asigna un código único, escogido de forma que sea ortogonal respecto al del resto; el receptor capta las señales emitidas por todos los transmisores al mismo tiempo, pero gracias al esquema de codificación (que emplea códigos ortogonales entre sí) puede seleccionar la señal de interés si conoce el código empleado.

<u>Multiplexación por división de longitud de onda o WDM (de Wavelength)</u>
En telecomunicación, la multiplexación por división de longitud de onda (WDM, del inglés Wavelength Division Multiplexing) es una tecnología que multiplexa varias señales sobre una sola fibra óptica mediante portadoras ópticas de diferente longitud de onda, usando luz procedente de un láser o un LED.

Este término se refiere a una portadora óptica (descrita típicamente por su longitud de onda) mientras que la multiplexación por división de frecuencia generalmente se emplea para referirse a una portadora de radiofrecuencia (descrita habitualmente por su frecuencia). Sin embargo, puesto que la longitud de onda y la frecuencia son inversamente proporcionales, y la radiofrecuencia y la luz son ambas formas de radiación electromagnética, la distinción resulta un tanto arbitraria.

Topologías de red
El término topología se refiere a la forma en que está diseñada la red, bien físicamente (rigiéndose de algunas características en su hardware) o bien lógicamente (basándose en las características internas de su software).

La topología de red es la representación geométrica de la relación entre todos los enlaces y los dispositivos que los enlazan entre sí (habitualmente denominados nodos).

Para el día de hoy, existen al menos cinco posibles topologías de red básicas: malla, estrella, árbol, bus y anillo.

Red de Bus

Red cuya topología se caracteriza por tener un único canal de comunicaciones (denominado bus, troncal o backbone) al cual se conectan los diferentes dispositivos. De esta forma todos los dispositivos comparten el mismo canal para comunicarse entre sí.

Red de Anillo:

Topología de red en la que cada estación está conectada a la siguiente y la última está conectada a la primera. Cada estación tiene un receptor y un transmisor que hace la función de repetidor, pasando la señal a la siguiente estación.

En este tipo de red la comunicación se da por el paso de un token o testigo, que se puede conceptualizar como un cartero que pasa recogiendo y entregando paquetes de información, de esta manera se evitan eventuales pérdidas de información debidas a colisiones.

Red de Estrella

Una red en estrella es una red en la cual las estaciones están conectadas directamente a un punto central y todas las comunicaciones se han de hacer necesariamente a través de este. Los dispositivos no están directamente conectados entre sí, además de que no se permite tanto tráfico de información. Dado su transmisión, una red en estrella activa tiene un nodo central activo que normalmente tiene los medios para prevenir problemas relacionados con el eco.

Se utiliza sobre todo para redes locales. La mayoría de las redes de área local que tienen un enrutador (router), un conmutador (switch) o un concentrador (hub) siguen esta topología. El nodo central en estas sería el enrutador, el conmutador o el concentrador, por el que pasan todos los paquetes de usuarios.

Red de Malla

La topología de red mallada es una topología de red en la que cada nodo está conectado a todos los nodos. De esta manera es posible llevar los mensajes de un nodo a otro por diferentes caminos. Si la red de malla está completamente conectada, puede existir absolutamente ninguna interrupción en las comunicaciones.

Red de Árbol

Topología de red en la que los nodos están colocados en forma de árbol. Desde una visión topológica, la conexión en árbol es parecida a una serie de redes en estrella interconectadas salvo en que no tiene un nodo central. En cambio, tiene un nodo de enlace troncal, generalmente ocupado por un hub o switch, desde el que se ramifican los demás nodos. Es una variación de la red en bus, la falla de un nodo no implica interrupción en las comunicaciones. Se comparte el mismo canal de comunicaciones.

La topología en árbol puede verse como una combinación de varias topologías en estrella. Tanto la de árbol como la de estrella son similares a la de bus cuando el nodo de interconexión trabaja en modo difusión, pues la información se propaga hacia todas las estaciones, solo que en esta topología las ramificaciones se extienden a partir de un punto raíz (estrella), a tantas ramificaciones como sean posibles, según las características del árbol.

Conmutación

En las redes de comunicaciones, la conmutación se considera como la acción de establecer una vía, un camino, de extremo a extremo entre dos puntos, un emisor (Tx) y un receptor (Rx) a través de nodos o equipos de transmisión. La conmutación permite la entrega de la señal desde el origen hasta el destino requerido.

Conmutación de Circuito

Se denomina Conmutación de circuitos (Circuit Switching en inglés) al establecimiento, por parte de una red de comunicaciones, de una vía dedicada exclusiva y temporalmente (o "circuito") a la transmisión de extremo a extremo entre dos puntos, un emisor y un receptor.

En la conmutación de circuitos, se busca y define una vía extremo-a-extremo con un ancho de banda fijo específico durante toda de la sesión. La red recibe desde el extremo emisor, una dirección que identifica al extremo destinatario y establece un "camino" hacia dicho destino. Cuando finaliza la sesión, la vía se libera y puede ser utilizada por un nuevo circuito.

Su ventaja principal radica en que una vez establecido el circuito su disponibilidad es muy alta, puesto que se garantiza este camino entre ambos extremos independientemente del flujo de información. Su principal inconveniente reside en consumir muchos recursos del sistema mientras dura la comunicación, independientemente de lo que en la realidad pudiera requerir.

Conmutación de Paquetes

Se denomina Conmutación de Paquetes (Packet Switching en inglés) al establecimiento, por parte de una red de comunicaciones, de un intercambio de bloques de información (o "paquetes") con un tamaño específico entre dos puntos, un emisor y un receptor. En el origen, extremo emisor, la información se divide en "paquetes" a los cuales se les indica la dirección del destinatario. Esto es, cada paquete contiene, además de datos, un encabezado con información de control (prioridad y direcciones de origen y destino).

Los paquetes se transmiten a través de la red y, posteriormente, son reensamblados en el destino obteniendo así el mensaje original. En cada nodo de red, un paquete puede ser almacenado brevemente y encaminado dependiendo de la información de la cabecera. De esta forma, pueden existir múltiples vías o "caminos" de un punto a otro, siendo gestionado por la red el camino óptimo. Las redes basadas en la conmutación de paquetes evitan que mensajes de gran longitud signifiquen grandes intervalos de espera ya que limitan el tamaño de los mensajes transmitidos. La red puede transmitir mensajes de longitud variable, pero con una longitud máxima.

La conmutación de paquetes resulta más adecuada para la transmisión de datos comparada con la Conmutación de circuitos.

Su principal ventaja es que únicamente consume recursos del sistema cuando se envía (o se recibe) un paquete, quedando el sistema libre para manejar otros paquetes con otras informaciones o de otros usuarios. Por tanto, la conmutación de paquetes permite inherentemente la compartición de recursos entre usuarios y entre informaciones de tipo y origen distinto. Este es caso de Internet. Su inconveniente reside en las dificultades en el manejo de informaciones de tiempo real, como la voz, es decir, que requieren que los paquetes de datos que la componen lleguen con un retardo apropiado y en el orden requerido. Evidentemente las redes de conmutación de paquetes son capaces de manejar informaciones de tiempo real, pero lo hacen a costa de aumentar su complejidad y sus capacidades.

Ruido e Interferencia

Interferencia: Cuando dos señales se interrumpen entre si o bien es el fenómeno que ocurre cuando dos o más ondas ocupan el mismo espacio al mismo tiempo

Tipos de Interferencia

Interferencia constructiva y destructiva de dos ondas desfasadas

Ruido: ruido en la comunicación a toda señal no deseada que se mezcla con la señal útil que queremos transmitir. Es el resultado de diversos tipos de perturbación que tiende a enmascarar la información cuando se presenta en la banda de frecuencias del espectro de la señal, es decir, dentro de su ancho de banda.

Causas

El ruido se debe a múltiples causas: a los componentes electrónicos (amplificadores), al ruido térmico de las resistencias, a las interferencias de señales externas, etc. Es imposible eliminar totalmente el ruido, ya que los componentes electrónicos no son perfectos. Sin embargo, es posible limitar su valor de manera que la calidad de la comunicación resulte aceptable.

Tipos de ruido:

Ruido de disparo El ruido de disparo es un ruido electromagnético también llamado ruido de transistor, producido por la llegada aleatoria de componentes portadores (electrones y huecos) en el elemento de salida de un dispositivo, como ser un diodo, un transistor (de efecto de campo o bipolar) o un tubo de vacío

El ruido interno es interferencia electromagnética generada dentro del circuito. Son ruidos internos a un circuito el térmico, el de disparo y el de tiempo de tránsito. Es importante destacar que cada uno de estos ruidos es un componente del ruido interno total. Éste, denominado simplemente ruido interno, puede calcularse po

r diferencias de ganancias o pérdidas, o medirse.

El ruido térmico El ruido térmico es eléctrico y es producido por la energía interna de la materia.

Ruidos no correlacionados externos Los tipos de ruidos externos más destacables tienen que ver con los producidos fuera del circuito por la naturaleza o por el hombre y-obviamente-son no correlacionados. Los principales son los atmosféricos, los extraterrestres y los industriales.

Los tipos de ruidos externos más destacables tienen que ver con los producidos fuera del circuito por la naturaleza o por el hombre y-obviamente- son no correlacionados. Los principales son los atmosféricos, los extraterrestres y los industriales.

El ruido cósmico Es producido por fuentes de radiofrecuencia naturales aleatoriamente distribuidas por el universo, y por tal razón tiene una respuesta bastante plana entre los 8 y 1500 MHz y de presencia uniformemente distribuida en el cielo, aunque debido a la lejanía de las formaciones galácticas es de una intensidad muy baja

El ruido también puede ser provocado por el hombre

Estrategias para minimizar el ruido:

es imposible eliminar el ruido al 100 por ciento ya que ningún circuito es perfecto y siempre habrá una pequeña cantidad de ruido el objetivo es evitar el ruido lo más que se pueda.

En el caso del ruido térmico o de termo agitación, se requiere que los equipos de comunicaciones y en si todos los equipos electrónicos y de cómputo se coloquen en salas que tengan aire acondicionado y que estén siempre a una temperatura de 15° C. Max.

 Sistema de aterrizaje de la línea de energía eléctrica o Sistemas de tierra. - Con el fin de minimizar el ruido producido por descargas eléctricas, descargas atmosféricas y los problemas eléctricos causados por motores, alta tensión, Etc. se recomienda aterrizar el sistema eléctrico.

CONCLUSIONES:

La innovación, persigue un nivel de cambio radical, mientras que la mejora pretende realizar el proceso en la misma forma, pero con un nivel de eficiencia o efectividad más alto.

En la mayoría ocasiones, las mejoras son insuficientes, aun cuando muchas veces sean deseables o incluso puede ser lo que la organización necesite, por lo que debemos de analizar los esquemas actuales y establecidos y de ser necesario, debemos innovar.

Lo más importante de todo esto es no ver a la mejora continua y la innovación como una forma o procedimiento laboral, sino como una forma de vida. Al hacerlo podremos crecer como individuos y por ende las organizaciones también crecerán

Referencias Bibliográficas:

- Torres, Álvaro. Telecomunicaciones y telemática. De las señales de humo a las redes de información y a las actividades por internet. Tercera edición:2007, Colombia, Colección Telecomunicaciones.

- Huidobro Moya, José Manuel. Redes y servicios de telecomunicaciones. Madrid: Thomson, 2006.

- Huidobro Moya, José Manuel. Redes y servicios de telecomunicaciones. Madrid: Thomson, 2006.

Anexos:

.http://www.ub.edu/geocrit/sn/sn-137.htm

.https://es.wikipedia.org/wiki/Telecomunicaci%C3%B3n

.https://es.wikipedia.org/wiki/Real_Academia_de_Ingenier%C3%ADa_de_Espa%C3%B1a

. http://diccionario.raing.es/es/lema/telecomunicaci%C3%B3n

https://es.wikipedia.org/wiki/Diccionario_espa%C3%B1ol_de_ingenier%C3%AD

https://www.coit.es/foro/pub/ficheros/sobre_la_etimologia_de_telecomunicacion_92ef2faa.pdf

https://es.wikipedia.org/wiki/Uni%C3%B3n_Internacional_de_Telecomunicaciones

https://www.openbeelden.nl/media/22235/

Autor:

Espinoza Trujillo P. Juan Tohmas de Aquino

CON GRIN SUS CONOCIMIENTOS VALEN MAS

- Publicamos su trabajo académico, tesis y tesina

- Su propio eBook y libro - en todos los comercios importantes del mundo

- Cada venta le sale rentable

Ahora suba en www.GRIN.com y publique gratis